U0042362

幸福主義宅設計

Stylish Home Ideas

Sweet
Home
Story
愛我窩叢書

幸福主義宅設計
Stylish Home Ideas

白米黑／撰文·攝影

藝術家

目次

1 牆柱的美化　10
Wall & Pillar

2 門窗的情調　48
Door & Window

Chapter **6** 創意的
手工遊戲 **144**
Work of Imagination

開頭的話╱Foreword
新鮮的愛家創意

現代人的生活通常都很忙碌，想要有一個可以沉澱心情的地方，沒有比窩在自己家裡更方便的了。可是許多人就是在家裡呆不住，老想往外頭跑，也不喜歡邀請朋友到家裡相聚，原因之一，可能是家裡的環境不夠愜意，出門只是想換一處空間、透透氣。如果你的家中佈置得宜，輕鬆又舒適，自然就想賴在家裡了。

居家要如何設計，才會讓自己更愛它呢？我們往往羨慕有人天生有本事把不怎麼起眼的東西兜攏在一起，就弄出了一組令人眼睛一亮的擺飾；或者知道要找尋什麼樣的物件，放在最適當的位置，就可以呈現出亮眼的視覺效果。

譬如增加一件擺飾或拿掉一個鏡框，甚至添多一種顏色或減少一種色彩，就使家中原本平淡無奇的角落，一瞬間有了生命力、漂亮起來；或者從原本相互干擾的凌亂，剎那之間找到了重心，視覺畫面也跟著清爽起來。而自己卻總想不到問題究竟出在那裡？

或許你自認買東西的眼光還不錯，但是往往買回家以後，新東西卻顯示不出它應有的吸引力。這種情形，問題常

是出在搭配不當，這時要如何調整一下才會好看呢？其實這也需要多加練習、多觀察，或許些微的位置調整，就會達成視覺上截然不同的效果。

如果你要問，難道居家的格調或設計感，必須花上大錢、請專家幫忙才能辦得到嗎？當然不一定是！專家雖然可以提供經驗與技術給我們，但是美感與風格的營造，必須靠屋主人自身去打理，才能顯現個人的品味。我們日常生活作息，每個人都有不同的習慣，不可能一直活在「樣品屋」裡當個活道具吧？再說，如果屋主人的個性與設計師營造的氛圍格格不入，生活也不會舒服自在。

本書試著從容易接觸的生活物件中，提供構思和元素給讀者參考，一但掌握住了重點，對「美的傳達」自然就能發乎於心，行之於外了。

物品的陳列方式其實很重要，物件與空間的相互關係更不可輕忽，擺得好可以抓住觀者的目光，讓我們更珍惜它；若不會擺，就落得讓人視而不見，甚至凌亂如雜貨店。此外，改造和修飾的技巧（即隱惡揚善的方法）也是創造居家風格的訣竅。平常我們過日子，能夠在生活裡培養許多巧思，加總起來就會成為生活中的美德。

如何把平凡的東西，藉著巧思或慧心，呈現出感人的心意；或是加上一點裝飾，使原來單調的物件流露出設計感，這些都是本書要介紹的內容，讀者不妨舉一反三。日常生活中，假使你看膩了居家一成不變的設計，何妨三不五時考慮創造一些新鮮感及趣味性，為自己的居家做些變裝，本書的方向正是為這種需要而努力的！

A米黑

1976
–
2006

1 牆柱的美化

Wall and Pillar

自然界裡充滿了美好的事物，
需由人們自己去發覺、感受，
由於人的本身也是大自然中的一部分，
當我們身體符節合拍於這種自然美的節奏時，
就會覺得幸福，產生愉悅感。

Chapter 1

牆柱的美化/
數大就是美

俗話說「數大就是美」。這種形容暗指即便是很普通的物品，當它聚集量很龐大時，就能發揮出一種力量、一種氣勢。「一朵花」與「一片花海」給人的印象是萬分不同的；一朵花需要細賞，方能看清楚它的細緻與美麗，但是一片花海，只要一進入眼簾就讓人驚喜萬分，這就是「數

一片花海入目後讓人驚喜萬分，正是「數大便是美」的實例。

大」造成的加乘效果。

　　藝術家們更是把「數大就是美」發揮得淋漓盡致的高手，像是美國著名的普普藝術大師安迪・沃荷（Andy Warhol）創作的絹印版畫，就曾將「康寶罐頭濃湯」或「瑪麗蓮夢露」等人或物的相片，重複排列為一整張畫面，營造出他個人風格的藝術作品，並且締造了藝術拍賣場上的傲人佳績，也顯示出他獨特「數大就是美」的一種典型。

　　你有想過利用家中常見的書本或是CD片，來擔綱居家設計的主角嗎？其實，我們將身邊常見的物件歸類加以組構，就能夠發揮「數大就是美」的妙用，進而產生

不起眼的酒甕大批堆放在白牆前面，也顯出數大就是美的氣勢來。

別出心裁的視覺效果。

舉例有一位屋主喜歡聽音樂，大量收集CD，日積月累，為數眾多的碟片已不亞於專賣店了，要怎樣安排這些碟片，才會是一種最妥當的收藏呢？這家主人於是將屋子裡的一面牆壁空出來，挪用為CD展示的專櫃區，這便是一種強調屋主嗜好的明顯例子。

將放置CD專櫃的架子，最下面的兩層設計處理為斜面，這樣就可以將漂亮的CD封面平放陳列，那些CD封面的圖案及顏色，就如同一幅幅方形的小圖畫，當擺放妥當，自然而然就形成了家裡面的一處殊異風景，而且這些CD碟片隨時可以變換組合，這種陳列方式的設計是不是很有個性？

延伸與觀察

換成書籍也是同樣道理，陳列的方式可將「書脊」同一類色調、開本大小相同的書籍，集中排列，像是：紅色系的在一堆，黑色系的在一堆⋯⋯，就會產生「彩畫」一般的效果，不妨試著玩玩看。

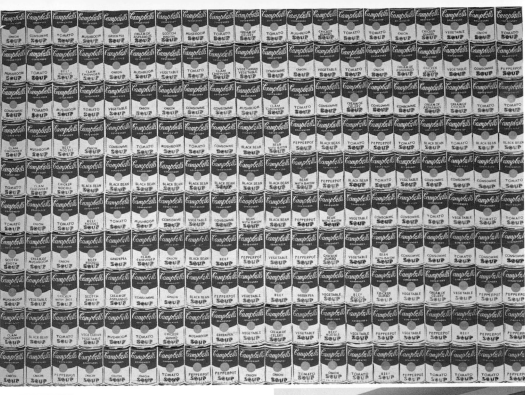

| 1 | 2 |
| | 3 | 4 |

1. 以書籍排列成為牆面的一部分，富於色彩的變化。
2. 美國著名普普藝術大師安迪・沃荷的畫作〈200個康寶濃湯罐〉
3. 平凡的筷子，大量陳列也成為充滿趣味的美了。
4. 以CD為牆面，呈現家中一種另類組合之美。（徐秀美提供）

牆柱的美化／
畫龍點睛的瓷磚

也許你住家的外牆或者宅門入口的公共樓梯轉彎處，正好有一片空牆或地面，每天都會出入經過，卻很少留意到它。在這種不起眼的地方，不妨稍加心思去美化一下，就能營造出視覺上的趣味。

除了請人施工之外，小面積的簡單的做法之一，是將牆面或地表嵌入幾片花色

馬路上見到以彩色瓷磚裝飾的牆壁與地面，引人目光。

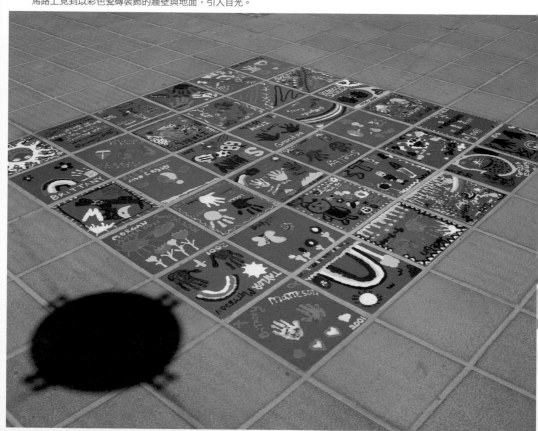

亮眼的瓷磚，規畫成一種幾何圖案，或者用小碎花的瓷磚來顯示溫馨，或是選用希臘地中海地區風格的豔色瓷磚，強調出陽光與浪漫。

通常，販售進口瓷磚的建材行會有較多的花色可供選擇，零買雖然價格會貴一些，但用量不多時，混搭便宜價格的瓷磚使用，就可達到畫龍點睛的效果，加總起來還是頂划得來的。

需要換多少片瓷磚或用哪一種尺寸的瓷磚較為理想？端視施工空間而定，但預備材料時不妨留些備份，同時自行操作時不宜範圍過大，以免掌控不了。

為了防止瓷磚脫落，施工前必需將預

浴室的地面較容易弄溼，用小瓷磚來鋪地是不錯的選擇。採用黑、黃、白三色，加上幾何圖案式的排列，具有設計感。（徐秀美設計）

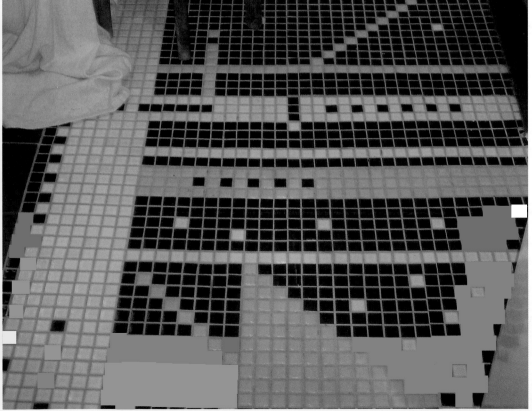

定施工範圍稍加處理，如果施工範圍的牆或地面原本已鋪有瓷磚，須先將舊磚敲掉，把「底子」弄平整，再於露出的「底子」上鑿出較密的凹痕（深度至少0.5公分），並以適量調好的水泥平均抹在瓷磚背面，以及填滿在鑿出的凹痕中，最後將瓷磚小心黏合在預留的位置上，並隔著厚木板（或用書替代也行），以鎚子輕敲瓷磚四角及表面，使新瓷磚平整附著牆面或地板上，不過瓷磚與瓷磚之間預留稍許縫隙，擱置一段時間待其乾透，縫隙可用矽利康或白水泥溝縫。

			5
1		4	6
2	3		7

1. 結合同一色調、圖案瓷磚的吧台。
2. 樓梯間的牆壁上，用瓷磚與色筆組構的裝飾圖案。
3. 浴室的牆和地面都採用相同色系的小瓷磚來鋪設，參雜以金、黑色小瓷磚，避免過於單調。
4-7. 用瓷磚當成門牌，也是另一種選擇。

4
3
0
1

330

311

WELCOME

1		
2	3	4

1-3. 瓷磚裝飾在壁面、壁爐或地面，因色彩與花色不同，而各自顯示出溫暖或莊重的高雅質感。
4. 蓋堤花園中瓷磚拱門形美麗的牆飾，可作為浴室或餐廳牆面裝飾的參考。

延伸與訣竅

　　換新的瓷磚，不宜凸過原來地平面，以避免走路時容易摔跤，牆面也以平整為宜（除非是為了營造特殊立體效果），所以施工敲掉的厚度須要預先妥算。

牆柱的美化/
餐盤搬上牆

餐盤是日常生活上的必需品,而且現在的設計越來越有看頭,無論是從國外進口的,或是陶藝家自己創作的,可選擇的花樣很多。

在家裡,餐盤通常歸屬的地方只放在碗盤櫃裡而已,很少會受到額外地關注;何不購買幾件花色漂亮的盤子來裝飾廚房

瓷盤,採用對稱的方式排列成菱形,達到裝飾效果。

或是餐廳的牆壁呢？這必定能創造出親切而生活化的視覺印象！

　　這種取用日常生活用品來做裝飾的方式，要達到好的展示效果，重點就在要製造一點不同的變化。如果把幾個一式一樣的餐盤掛在牆上，一定單調又無趣，但是，選擇的餐盤有的大、有的小，花色、

質地也可以不同，別人看到了一定以為這是經過主人刻意挑選、收藏的珍品。

　　另外，顏色也是創造變化的要素之一。例如在一堆淺色的盤子中，夾雜一、兩個深色的，就可以讓整片展示牆增添輕重有別的趣味。掛盤子的位置也必須講究，要在規矩中見變化，大小中取平衡，

賭城拉斯維加斯的一家餐廳，利用鐘的造型來裝飾牆面，包括將窗戶也設計成時鐘模樣，特別吸引人的目光，在視覺效果上與餐盤掛在牆上的感覺相似，其實許多設計的構想都可舉一反三。

1. 拱形的門洞上方，以三個瓷盤作為裝飾，不失為化解單調但又不張揚的做法。

2. 玄關進入客廳前有一凹入置物台，在牆面掛上小型瓷盤，與台面上立著的大瓷盤呼應，體面而有變化。

3. 中南美洲的盤飾，裝飾性十足。

4. 在弧形的牆面內裝上美麗瓷盤，有一種歐式風味。

1		4
2	3	

Chapter 1

牆柱的美化／
砌「書牆」、立「書柱」

如果你是喜愛看書和買雜誌的人，閱讀完畢，除了將書放置在書架上，想不想考慮一個有趣的排列方式？

方法是：在房間內挪出一塊角落，運用書籍、雜誌來疊高它做一件裝置藝術作品，它直通天花板，組成一根或兩根裝飾性的「書柱」，書籍頂端取用一段現成短

韓國舉辦的國際兒童書展會場裡所見：用書堆出了十分搶眼的書牆。

木圓柱或糖果鐵罐充當柱頭，將柱頭漆上漂亮顏色或纏繞上豔色包裝紙。那麼，這個角落不但充滿了書香味，也似乎有了一道無形又有區隔感的空間，再在牆面上掛一幅畫或大型海報板，和「書柱」相互呼應，這絕對不輸設計名家的創作呢！當你看膩了時，隨時又可拆下恢復原狀。

要不，只要書夠多，也可以用書或雜誌充當建材，作為隔間的材料，將書砌成半個人高的矮牆或一個矮凳，至於如何組合，就得看讀者自己的智慧啦！

1	2	4
3		

1-2. 書，除了可以閱讀，還可以排列成為牆面，
3-4.「書柱」顯示出室內獨特的品味，藍色柱頭與藍色地毯搭成一套。

延伸與訣竅

　　書脊位置不要全疊向同一方向，通常線裝書的書背一邊較厚、一邊較薄，平均分配才穩當，同時要疊得緊密、重心穩，才不至於傾倒（被書砸到可是很痛的）。如果要堆出較大片的面積，必須要像砌磚牆一般，交錯放置才不易倒。

Chapter 1

牆柱的美化／
創造現代感的壁櫃

如果屋內有陳列櫃，你想讓它呈現出素雅高貴的氣質感，並不希望過度花俏，弄得喧賓奪主，那該怎麼做呢？

不妨擺幾個色調單純、造型簡單的器皿在櫃子內，玻璃瓶的透明質感或木質雕刻互相搭配，是清爽而理想的選擇。但是排放時，物件的大小一定要適中，擺得太

單調的白色書櫃，如將規律的格子稍加變化，就成了充滿現代感的裝置表現，連不放書時都好看。

滿觸碰到隔架的邊框，那會顯得侷促而有壓迫感；反之物件太小了，也撐不起裝飾的效果。如果物件高度各不相同，看起來會有節奏感。須注意之處是，每一個格子內不要安排好多種類或者色調雜亂的飾品，那不會帶來視覺上的愉悅，反而會像個忘了關門的收納櫃。

通常從天花板垂下來的吊櫃，或是由地面通到天花板的裝飾櫃，這類物品陳列櫃的格子內都設置有燈光，當燈打開了，它的明亮會產生聚焦的效果。而人們的視線通常維持平視狀態較多，有了燈光的吸引，才會不自覺地將視線投向明亮之處，視線的活動範圍因而也加寬了，無形之間，屋子似乎也寬敞了不少。

1976
2006

1			4
2	3		

1. 富有規律感的吊櫃，因放置物件的不同也會導致不同的視覺感受。

2. 適量的配件才能達到裝飾的效果，雜亂之物應收納在有門的櫃子裡。

3. 隨著樓梯高低而設計的書櫃

4. 這是一間充滿墨西哥風味的室內表現方式，上方的天窗透出光線，不規律的置物架隨著光線的明暗而產生變化，但擺設的物件卻是規律的同一類型，所以視覺上是統一的。

延伸與訣竅

如果櫃子本身顏色深，又不是穿透式，其中擺放的物件就更得考慮顏色的安排，不能太暗或太瑣碎，大紅色是彩度高而明度低的顏色，不一定適合放在暗色的櫃子之中。白色、黃色、淺色等高明度的物件是比較適合的選擇。

牆柱的美化/
愛玩石頭、彩色玻璃

用石片間雜馬賽克
鋪地面，顏色的選
擇最為重要。

儘管各式各樣新型的建材不斷地被研發出來，尤其北京奧運的新建築「鳥巢」與「水立方」，以其超越人們以往想像的姿態蓋了出來，更是讓我們大開眼界。盡管如此，「石頭」、「玻璃」這兩種最最古老的建材，卻永遠當紅，難以被取代。

這裡不談大理石等高級建材的利用，

面河的窗外陽台，以彩色玻璃自由嵌入，與環境十分地契合。（王行恭攝影提供）

而是想與讀者分享怎樣在居家裝潢裡玩玩一般的鵝卵石、石板，和彩色玻璃，以及運用大小石頭、石片來創作各種造型及功能的設計。

撿石頭是許多人喜愛的一種活動，台灣有許多溪谷或海邊都有漂亮的石頭可以撿。砌石頭和砌磚塊不一樣，磚是工業生產的物件，大小規格一致，磚塊也是可精密規畫的建材；而撿來的石頭多半是不定型的鵝卵石或石片、石塊等，因為這些石頭的形狀不一，又比較沉重和結實，所以在排列它們時就要更多一些的藝術性，才能顯出石頭材質的特色與美。

石材的優點，顯而易見的是它的耐久

以天然黑白石頭來砌矮牆，上端採用波浪的韻律，使石頭牆不至太笨重，中間留孔也是減輕厚重感的方法。

與樸素、穩重與含蓄，富於天然的和諧，適宜用在基礎調性的物件上，像是圍牆、矮凳、地面、階梯等等。石材雖然本身變化不多，但好處是與其他建材的混搭，不容易造成排斥性，加上自然天成的觸感，在台灣這種熱天長、冷天短的氣候中，石材帶來的是冰凍的視覺效果，具有消暑的功能呢！

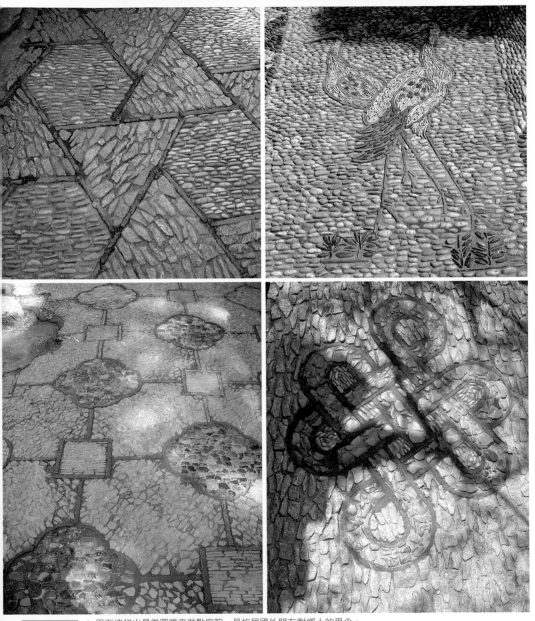

| 1 | 3 | 4 |
| 2 | 5 | 6 |

1. 用石塊拼出星徽圖騰來裝點庭院,是旅居國外朋友對鄉土的思念。

2. 堆疊成弧狀矮牆,區隔大門前方坡道的草地與花叢,顯得規律而有變化。

3-6. 蘇州拙政園中的鋪地表現,古法亦可今用。

牆柱的美化/
留洞的牆壁趣味多

「牆」是什麼？它是分開一個空間與另一個空間的壁面，是一個阻隔物件。

牆裡與牆外常在文學世界裡被形容成兩個世界，人們通常對於隱密的那一方面多所好奇，古代室內的牆壁隔音不佳，所以產生了「隔牆有耳」的成語。但是，古人對牆壁的設計上倒是頗多新意的，中國老建

中式花園的透空隔牆，對應著盛開的桃花，是古人的別出心裁。

築庭院的牆上就愛留孔設窗，而且圍牆多半不高，人們站在留孔的牆邊就可以牆裡牆外互相對話、窺視。板橋林家花園和台北中正紀念堂的外牆都有留孔的設計。

　　一般三、四口人的家庭，居家隔間常以三房為多，牆壁大多是平的，變化不大。但是在室內裝潢的表現上，牆上可以

玩的空間還是有的，特別是碰到犄角的牆或是難以規畫的畸零地時，更可以在牆上出點子，讓牆壁多些變化，也規避畸零地不規整的難看。

　　同樣地，沒有層次設計的白色天花板也很單調，有什麼方法可以維持其純粹性而又有變化呢？筆者在一次旅行中參觀了

餐廳牆壁面上的圓洞下方襯以瓦片，用於置放酒瓶，也是實用兼裝飾的設計。

一座德式老房子，它的天花板及二樓空間的迴廊牆壁，就利用留洞與「新藝術」浮雕裝飾來美化，雖與時下流行的手法多所不同，但素雅而低調的美不言而喻，可見好東西永遠可以歷久彌新，並擄獲人們的好感。

1. 三角窗洞式的藍牆，配合粗獷的家具，有豪邁風格。

2. 牆壁上透光的玻璃磚設計，讓房間更有情調了。
   （王行恭攝影提供）
3. 板橋林家花園透空的桃型洞牆
4. 牆上做稍微凹進的三角區域可以置物，雖不是留洞，也能達到類似效果。
5. 厚牆中央留洞，是減輕笨重感的方式之一。

1	2	3
	4	5

1		3		
2		4	5	

1. 浮雕天花板是平淡中的華麗，與漏空的迴廊呼應，相得益彰。

2. 二樓迴廊的壁面以淺浮雕與漏空的手法，兩處表現均使素而不素、白中見色，達到低調的華麗，是古典雅緻又耐看的作法。

3-5. 居家外面如能幸運地有一片綠樹風景，像本頁圖中圍牆採用石頭堆疊成漏空形式的砌法，很值得借鏡。

Chapter 1

牆柱的美化／
家中設畫廊

　　讀者家裡頭可能有一個很會畫畫的孩子，完成了許多畫作；或是屋主自己就收藏了許多海報、明星玉照之類的剪報等，捨不得丟，又不知如何利用。在此有一個建議，無論兒童畫還是剪報畫片，當整體規律地掛在牆上時，只要形式、尺寸基本一樣，就能讓整個牆面豐富有變化。

室內整片牆都是畫的，坐在當中進餐彷彿是坐在童話世界裡。

如果家中寶貝的佳作或自己的剪報大小不同，可將之貼在尺寸一致的厚紙板上，接著開始美化它。首先在紙板上塗一層白漆打底，待漆乾透了，用蠟燭在表面上磨一磨，然後再塗一層漆。塗兩層的緣故，正如同塗指甲油是一樣的道理，這樣顏色會比較均勻。等紙板完全乾透了以後，把畫作排列於紙板上，掛起來就不會凌亂了。

除了上述小型的「家庭畫廊」之外，如果你夠大膽，在壁面舊了、髒了的情況下，不妨大筆揮毫，創作一幅巨大的壁畫，也是另外一種別出心裁，保證令人刮目相看。

利用繪圖列印的大型壁紙，可完全改變室內感覺，達到空間轉換效果。

1	2	5
	3	
	4	

1. 用大朵飄逸的鬱金香畫牆面,帶來室內的效果與氣氛是浪漫的。

2. 在牆壁上作畫也是流行的裝潢趨勢,圖為國內一家著名速食店內的牆壁畫。

3. 外牆上畫出藤蔓及花朵,像是開滿了花的植物牆。

4. 類同布告欄留言板的方式,在家中或教室裡可做一個厚紙板的折疊牆,凡是家人或學生的大小創作都貼在一起,頗有看頭。

5. 棕色調的牆壁繪圖與家具陳設,相得益彰。

257

Chapter **2** 門窗的情調

Door and Window

當我們進入室內，所面對的已換成了人造的環境，

人們待在室內的時間通常比在戶外還要久，

那要如何去設計這種人造環境的幸福感呢？

讓我們眼睛所見、身體所觸、感覺所悟、睡眠所安……

依然保有自然界的靈氣與脈動，

但又是安全、自在、創意與獨特的，

希望筆者所提供的這些線索，

能帶你找到那把開門的鑰匙！

Chapter 2

門窗的情調／
你害怕「出色」嗎？

老宅深褐色的圓窗
現在愈來愈少了。

我們的民族性基本上傾向於保守和傳統，這種習性如果是代代相傳、自小養成的，往往根深蒂固，會不自覺地反射在我們日常生活和居家品味上，就連選擇使用哪種顏色與形狀也會受到影響，因此打從心眼裡，就覺得彩度低、比較黯淡的顏色會比較「安全」（保護作用或較好搭

漂亮的藍色門窗，讓人們經過它前面時不得不行注目禮。

配），又比較「耐髒」（儉省及偷懶使然）。

　　國人選家具，多半仍是以黑色或咖啡色調為多。而居家門框、窗框等也是以原木色調或金屬色澤為優先選擇，尤其是鋁門窗的規格化與普及化之後，一般住家的門窗幾乎都是採用這類產品；雖然也有人選擇紅色大門，這是因為紅色對於國人代表著喜氣之故。除此，其他鮮豔的色彩往往被我們屏除在外，使用在居家環境上的機率少之又少。

　　這種在居住環境上忽視鮮豔色彩的常態，在我們出國時，面對異域的風景與情調，往往衝擊與印象最為深刻。

藍窗與花的搭配。

| 1 | 2 | |
| | | 3 |

1. 黑牆白窗的酷冷，屋主卻在窗內掛了密密一排粉紅色的花朵，將氣氛轉為溫柔。
2. 紫色的窗框，配上窗前紫色的三色堇，組成套裝式的美麗。
3. 辦公室的大門上彩繪了兒童畫，帶給上班的人第一個好印象。

不同地域的「色感」常會讓我們感動，而又會因為顏色特別亮麗的緣故，讓我們的視線隨之轉動、驚喜。就連見到一般住家將門窗漆成鮮豔的藍、黃或是橘色，都覺得十分「出色」。

從研究色彩心裡學中獲得證明，顏色對於人類心情的調節具有一定的影響，特別是我們天天要面對的顏色，影響的力道就更強了。由此，我們不妨讓彩度高、明度高一點的顏色進入居家生活中，來變換一下我們習以為常的「視界」。

延伸與訣竅

顏色是很特別的東西，黑、白、灰，稱為無彩色，彩色則由三原色（紅、黃、藍）組成，紅＋黃＝不同層次的橘；黃＋藍＝不同層次的綠；紅＋藍＝不同層次的紫；而當這些顏色全部混合起來反而成了黑色；所以黑色容易搭配任何顏色。色彩的混合越少，顏色越鮮豔。現將一般常用顏色與情緒呈現的反應來對照：

黑色／冷酷、恐怖、深沈、悠遠。
灰色／和諧、渾厚、靜止、悲傷。
黃色（金）／光輝、莊重、貴氣、忠誠。
綠色／健康、生機、環保、邪惡。
紫色／憂鬱、神祕、飄渺、溫柔。

白色（銀）／純潔、樸素、坦率、安靜。
紅色／熱烈、激進、果敢、奮揚。
藍色／幽靜、深遠、清朗、冷靜。
棕色／古舊、低調、大方、安全。
彩色／駁雜、撩亂、繽紛、幻想。

Chapter 2

門窗的情調／
善用窗簾變化氣氛

　　窗簾，幾乎已經成為家家戶戶不可或缺的生活必須物件了，窗簾的功能，不外乎用來調節光線、遮蔽室內景象，以及增加裝飾美感。窗簾，它對一間住屋視覺上的影響甚巨。

　　由於窗簾拉上時佔有室內大片的面積，它攸關整體視覺設計的成敗。單素顏

左右對拉的窗簾配上不同顏色的椅墊，加上玻璃窗外景致，顯示出優雅的居家情調。

色或者小花圖案的窗簾，在感覺上較為穩靜；選擇大花朵或熱鬧豔色圖案的窗簾，在感覺上則呈現活潑而奔放。假使你希望將居屋變換一下氣氛，而又不想大動干戈去敲牆整壁，那麼試著換一種色調花樣與先前不同的窗簾，就可達到幾分效果。

不知道你有沒有注意過，窗簾的形式，主要分為左右拉開或上下捲起兩種基本款，再由此加以變化如：傳統式、吊帶式、綁帶式、穿孔式等，同時由於使用材質的不同、花色的不同，窗簾的面貌就變化無窮了。

家裡使用的窗簾，多以布質、軟性質感的居多，因為布質帶有溫暖的特性，而

裝飾性為主的窗簾，通常使用率不高，與百頁窗混搭，由百頁窗擔任調節光線的功用。

| 1 | 3 |
| 2 | |

1. 也是百頁窗與布質窗簾的混搭，此窗簾以垂帶綁住下端，有裝飾的效果。。。

2. 上下折疊式的窗簾垂度較平整，但清洗時較為麻煩。

3. 絲質感覺的窗簾有著華麗的氣氛，而窗簾的束腰也可變化無窮，圖中窗簾上的紅色條紋，帶給清雅的空間一絲暖意。

塑膠百頁窗較適合用在浴室或公領域的環境中，因百頁窗的感覺較規律而冷靜，但是百頁窗與布質窗簾混搭使用，也可兼顧實用性與裝飾性之功效。

居家窗簾採用兩層式的較為靈活，實用性也更高。一層窗簾可用透明度高、可穿透光線的薄性布料，另一層則用厚質或防紫外線穿透的厚料子，白天僅使用薄層，室內依舊明亮，晚上放下厚的一層，就可以達到全然阻隔光線的效果。

| 1 | 2 |
| | 3 4 |

1. 溫暖的厚實窗簾與薄紗混搭，很有家的氣氛。
2. 大片上下折疊式窗簾，具透光的效果，亦有阻隔的功能。（徐秀美提供）
3. 古典雅緻的窗簾帶給居家柔和優雅的氣息。
4. 單色輕薄質地的窗簾，給予柔和單純的視覺印象。

延伸與啟發

　　窗簾長度須比門窗下端略短幾公分，如果拖在地上不容易打掃清理。而且台灣環境潮溼，懸空之物較為衛生，而且窗簾每年至少也要清洗一至兩次，防止霉菌滋生，不要因為省錢省力而忽視了生活中的這些細節。

　　量窗簾的方式：先從窗框外緣量出窗戶尺寸，再算窗簾布料尺寸（比安裝後拉闔時覆蓋範圍要長要寬，視樣式而定。）

　　現在有不少專門進口各國布料，並提供到府設計窗簾的商家，但費用都不便宜。筆者曾去過台北專門批發布料的專賣市場，該處布商雲集，也有幾家賣布兼替人製作窗簾的店面，詢問之下，價錢就公道許多。

門窗的情調／
門牌與門把的表現

住宅的門牌就像人的名片一樣,代表一戶人家的身分,傳遞給外人第一個印象。只是通常我們並不太在意它的長相,只要求其號碼正確就好了。

走在路上,我常常對別人家的門牌特別留意,碰到喜歡的式樣,就用數位相機隨手拍下來,還常從這些門牌上去猜測主

1	2	4
	3	

1. 小龍門把
2. 馬型門把
3. 海馬型門把
4. 鱷魚門牌

人家的品味，久而久之就成了一種嗜好，最後還有了一個小小的結論：對門牌都肯慎重以對的人，做其他事情應該也能力求完美吧？

門牌之外，我也喜歡觀察別人家的門把，至於門把的造型比門牌花樣就更豐富了，尤其每到國外旅遊，一路上隨處都能找到令人驚喜讚美的門把。其實在我們老祖宗的年代，對門把的造型是極為講究的。只是現在大家較注重屋內的規畫，關起門肯花的錢比較多，對這些展示給外人看的細部，反倒容易忽略了。

居家設計如能從這些小地方著手，其實可以展現自我風格的地方就變多了。

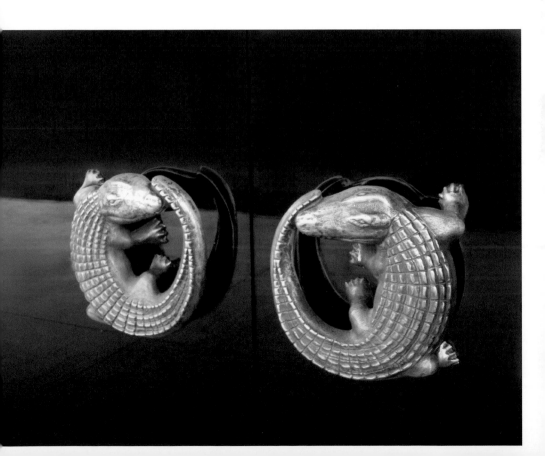

1. 木質門上具裝飾意味的門把

2. 植物蔓藤門把

3. 獸頭門把

4. 葡萄藤門把

5. 像牛角麵包的門把

6. 辣椒門把

7. 蜥蜴門把

8. 鐵製的540號門牌上有一隻狗的造型，可能屋主是位愛狗人士。

9. 19號門牌

Chapter 2

門窗的情調／
鐵捲門的面子問題

在台灣，建築物一樓的商家行號，除了採用保全設施，一般的防盜設備就是在大門外裝置鐵捲門了。碰到早晚店家打烊時，或是星期假日不開張時，這扇面積龐大、灰色黯淡的鐵捲門，就會讓市容顯得冷漠而無趣。如果碰上一整條街的店面都在休息，就更予人單調、蕭條之感。

鐵捲門以素雅、富於民俗風情的畫面來呈現，如繽紛的花海、燈籠等，這是日本商家的設計。（下、右頁上）

　　如果將鐵捲門改頭換面、重新設計，一定能變成情趣不一的大壁畫，說不定生動雅緻的圖案就會使市容活潑熱鬧起來。

　　其實，公家行號可以將鐵捲門上的圖案，設計得與店內的販售物品相關連，在它被拉下來時，也能默默地對經過的行人宣傳著這家店的特色，至於一般的人家，更可天馬行空來玩創意啦！

台北一家美容院以男士時髦髮型描繪的的鐵捲門

3 裝置的巧思

Interior Design

光影之美：

無論是自然光還是人造光，都要讓它自自然然。

造型之美：

物必有形，使家中之物相容又富於變化。

色彩之美：

除了形，色彩與圖案無所不在，它能影響感覺，如何

運用它才好呢？

材質之美：

用什麼材料最適合，除了喜歡，還要自然。

生命之美：

運用動、植物來讓家中更有生命力

（養魚、種花、水果等）

Chapter 3
裝置的巧思／
背景加持法

當經過精品店的櫥窗時，留意一下常會發現，無論是賣珠寶、手錶或是名牌物件，通常櫥窗內放置的貨品都會以相襯的背景來搭配，這種搭配的背景，無論採取的方式是「調和」或「對比」，目的不外乎是將前景主題物品襯托出來；而且，越是小體積的主題，越是需要較大的背景來加持它，以顯示主角的重要性，使它成為亮眼的焦點。

「背景」就如襯托紅花的綠葉，具備很重要的意義。比如說，你有一件小型的擺飾，它本身精緻可愛，但是由於本身體積太小，放在架子上或桌面上是很難被注意到的；這時，不妨選取一張顏色、含意相關的卡片或是彩色紙張來襯托它，將這張彩色紙或卡片放在小擺飾物件的背後或下方，自然就能收到意想不到的襯托效果。

這種增加一張色紙或圖卡當背景的做法，與精品店設計家精心安排的陳列方式，道理是一樣的，都能「放大主角物件」的美麗。因為這張紙，已經與前景的物件合而為一了。人類的視覺，是不會將主題物件與背景物分開去看的，因此前景物件的體積似乎就被放大了。讀者不妨試試看。而且背景的色紙可隨著季節、心情來更換，如此一來，家裡許多小地方的感覺都會發生變化了呢！

1	2	3 4 5 6

1. 強烈的磚紅色牆面，將前景的淡色草編物件襯托得格外清楚。
2. 各色絲巾組成的背景，與牆面的綠是分離的，卻能與前方的球鞋相得益彰，達到和諧的聚焦效果。
3-4. 背景色紙的張貼，可凸顯前景主題物的效果。　5. 橘色紙與鸚鵡螺的花紋相得益彰
6. 美國Santa Fe地區一家珠寶店的櫥窗，以所在地沙漠的感覺、顏色作為襯底色彩。

延伸與試驗

重點在於襯紙的大小及顏色的搭配。紙不宜超大，超大的紙與前景又會被視覺分開，就不成一整體了；但越小的擺飾，襯紙比例必須大些。顏色也是關鍵，以對比色或反差大的色來處理較討好。實際的運用存乎一心，有興趣的話不妨自己做實驗：以不同的襯底色及大小紙張來測試其不同的效果，熟練之後自然會產生心得。

Chapter 3
裝置的巧思/
闔家大團圓

如果你到西方人的家庭拜訪，稍稍留心，會發現他們非常喜歡將家人的相片裝在大大小小不同的像框裡，集中放在客廳裡的長檯上或者壁爐的檯面上，而我們比較喜歡將照片掛在牆上或收在相片簿子裡。

在家中找出一處可以專門擺放照片的檯子或架子，空閒時就可依當下的心情隨時改變檯子上的陳列。大大小小的相框擺

大大小小的相框擺在一起最為好看，同時，家人的像框放在一起就像全家人聚在一起。

在一起最為好看，同時，家人的像框放在一起就像全家人聚在一起，十分溫馨。盒狀的相框尤其有趣，可以同時貼上喜歡的人的照片，並在盒內展示相關的紀念品。例如一家人到海邊出遊的照片，配上當時在沙灘上所撿到的貝殼作裝飾，絕對令人印象深刻！或是家人郊遊時撿到的乾果，會讓人聞到自然的氣息。

檯子上除了放相框外，旁邊還可以穿插一些不同的擺飾，或將貝殼延伸一兩個到框外，或者再放一些別致的卡片，都可以讓這個檯面更加吸引人。

延伸與設計

在房間的檯子上擺一長排相框，視覺上可以創造出延長的效果。

Chapter 3

裝置的巧思／
優雅的中式「布畫」

一塊別緻的布，除了想到拿它來做衣服，或平鋪在桌面上，有沒有想過它也可以掛在牆上作為裝飾物呢？只要用一根橫桿將它掛起來，整個房間即會隨之耀眼起來，平淡的房間剎時間可以別具風情。

如果布料又輕又軟，也不用擔心，它自有一股輕柔的逸趣；如果你喜歡挺一點

| 1 | 2 |
| | 3 | 4 |

1. 善用布來做為家中的擺飾，是很獨特的表現，圖示即為畫家徐秀美的設計。
2. 使用輕紗當作室內屏風的素材。（徐秀美設計）
3-4. 印尼、泰國等地生產許多花色出眾的布塊，很適合掛起來觀賞，尤其是老東西就更耐看了。

的感覺，只要加塊襯裡就是了。做法是找一塊能凸顯布料花色的襯裡布，剪成與你的「布畫」同樣大小。把兩塊布的正面相對放平，然後在上下底邊、側邊，找出幾個點縫起來（越大的布畫需要縫的點越多）。縫好把「布畫」翻回正面，最上邊縫的時候，要留出空間讓細長的窗簾桿可以穿過去。牆上釘兩個掛鉤，就可以把這幅「布畫」掛上去了。

延伸與敢塞

將布掛起來當「畫」看，是一種裝飾的辦法，也可以將「布畫」橫披在床單上，遮住一部分原來的床單，只要顏色可搭，是很方便改變屋內色彩的方式。

Chapter 3
裝置的巧思/
現代的西式「布畫」

現代的歐式裝潢中，客廳中必不可少的裝飾品，就是懸掛在牆上的大型畫作或醒目的雕塑品。如果你也喜歡這種歐化的風格，倒是有變通的做法可以達到相同的效果，不但省錢，又能顯示出主人的創意。

何不先到坊間的藝術用品店，買到輕便的木質內框（買木條自己釘製亦可），

一套裱好的花布畫，可並列，或上下安置，都一樣出色。

再到布店挑選圖案簡潔大方的花布，或使用現在又流行起來的阿媽時代常用的台灣鄉土味道的印花布料，或選用大型方型圍巾等。布料的大小要超過木框表面，並包過木框四邊側面，再褶到木框的背後，用釘槍直接釘在框背，即完成。

　　這些裱好的畫框本身就已經非常漂亮了，但是為了製作方便起見，可使用組合形式，選用兩個一組、小一點的木框，或四個相同大小的木框，裱布可選取對比顏色、花色相同的圖案，裱裝好同時掛在一起，有高有低，相當出色。

以波動的條紋布當畫面，充滿活撥的流動感，垂直掛或水平掛，感覺不同，讀者可比對兩者的差異。（下二）

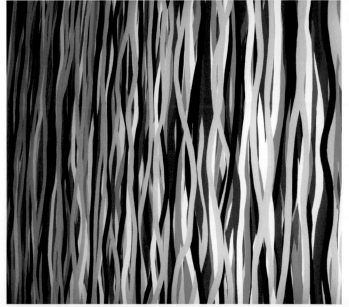

延伸與祕密

裝裱在木框上的花布要繃緊、繃平才夠水準，方法是釘布之前先將花布打溼，不滴水時再釘，等這塊繃好的畫布全部乾了，自然就繃緊平順。

3

裝置的巧思／
玻璃器皿的演出

		3
1	2	4

1. 日常使用杯組加一塊布也是一種不經意的擺飾。如常去參觀家飾店，常會見到店中優美的陳列方式，也可學來應用在自己的家裡。
2. 以不同杯型盛葡萄汁，先欣賞再飲用。

　　如果有心要做好家裡的布置，就不要把家裡擺成雜貨鋪子般雜亂，空間裡不要同時擁有太多重點，重點多了反而容易產生視覺干擾，抵消掉整體美感，而是要透過一些具共通特質的東西，來顯現獨特的個人風格。其中最好有些東西在平凡之中卻又流露出不經意的小創意，輕鬆而不造

作的擺飾才會顯出吸引人的地方。當然，
你恐怕也需要花點時間去逛一逛、找一
找。

　　例如以玻璃材質為主，便是一個不錯
的方式，玻璃器皿價錢通常不貴、實用性
高，在炎炎夏天時更能為餐桌帶來清涼、
愉悅的氣氛。如果從花瓶到杯子、碟子都

3. 剛打好用玻璃杯裝著的果汁，是生活中即興的演出。
4. 在夏日炎炎的下午茶時間來杯冰咖啡，一桌子的玻璃器皿也透著涼意，這就是生活的美啊！

是簡潔的玻璃製品，只要再搭配一兩件配件，很容易創造出清新的氣質。例如在容器中盛放幾粒紅寶石般的小番茄、兩片翠綠色的大葉子、一塊黑白相間的條紋墊布⋯⋯，盡量發揮你的想像力吧！

1	2 3

1. 玻璃瓶子配數個杯子是家家都有的器皿，但是安排得好，同樣可當成裝飾物件，完成一個視覺亮點。
2. 以養金魚方式般在玻璃瓶中種水草，案頭就能增加綠意。
3. 大口玻璃杯中簡單插一束百合花，在夏日炎炎中自有一翻涼意。

Chapter 3

裝置的巧思/
架上的風景

家裡書架看起來很亂嗎？花一點時間運用俏皮的手法來整理，它也可以成為一塊很有風格的展示區喔。

讓書架上的書分成一組一組，而不是緊緊的擠在一排，用「書擋」將書本整齊的站穩，然後在「書擋」旁邊的空間就可以擺植物、畫或花瓶。若書的封面很華麗，也可讓封面朝前立著放，如同展示一

書架不一定放書，當成置物櫃也別有風情。

| 廣　告　回　郵 |
| 北區郵政管理局登記證 |
| 北 台 字 第 7166 號 |
| 免　貼　郵　票 |

藝術家雜誌社　收

100　台北市重慶南路一段147號6樓
6F, No.147, Sec.1, Chung-Ching S. Rd., Taipei, Taiwan, R.O.C.

Artist

姓　　名：＿＿＿＿＿＿＿＿＿　性別：男□ 女□ 年齡：＿＿＿＿＿

現在地址：＿＿＿＿＿＿＿＿＿＿＿＿＿＿＿＿＿＿＿＿＿＿＿＿＿＿

永久地址：＿＿＿＿＿＿＿＿＿＿＿＿＿＿＿＿＿＿＿＿＿＿＿＿＿＿

電　　話：日／＿＿＿＿＿＿＿　手機／＿＿＿＿＿＿＿＿＿

E-Mail：＿＿＿＿＿＿＿＿＿＿＿＿＿＿＿＿＿＿＿＿＿＿＿＿＿

在　　學：□ 學歷：＿＿＿＿＿＿　職業：＿＿＿＿＿＿＿＿＿

您是藝術家雜誌：□今訂戶　□曾經訂戶　□零購者　□非讀者

客戶服務專線：**(02)23886715**　E-Mail：**art.books@msa.hinet.net**

人生因藝術而豐富・藝術因人生而發光

藝術家書友卡

感謝您購買本書,這一小張回函卡將建立
您與本社間的橋樑。我們將參考您的意見
,出版更多好書,及提供您最新書訊和優
惠價格的依據,謝謝您填寫此卡並寄回。

1.您買的書名是:＿＿＿＿＿＿＿＿＿＿＿＿＿＿＿＿＿＿＿＿＿＿＿

2.您從何處得知本書:

□藝術家雜誌　□報章媒體　□廣告書訊　□逛書店　□親友介紹

□網站介紹　□讀書會　□其他

3.購買理由:

□作者知名度　□書名吸引　□實用需要　□親朋推薦　□封面吸引

□其他＿＿＿＿＿＿＿＿＿＿＿＿＿＿＿＿＿＿＿＿＿＿＿＿＿＿＿＿

4.購買地點:＿＿＿＿＿＿＿＿＿＿市(縣)＿＿＿＿＿＿＿＿＿書店

□劃撥　　　□書展　　　□網站線上

5.對本書意見:(請填代號1.滿意 2.尚可 3.再改進,請提供建議)

□內容　　　□封面　　　□編排　　　□價格　　　□紙張

□其他建議＿＿＿＿＿＿＿＿＿＿＿＿＿＿＿＿＿＿＿＿＿＿＿＿

6.您希望本社未來出版?(可複選)

□世界名畫家　□中國名畫家　□著名畫派畫論　□藝術欣賞

□美術行政　　□建築藝術　　□公共藝術　　　□美術設計

□繪畫技法　　□宗教美術　　□陶瓷藝術　　　□文物收藏

□兒童美育　　□民間藝術　　□文化資產　　　□藝術評論

□文化旅遊

您推薦＿＿＿＿＿＿＿＿作者 或＿＿＿＿＿＿＿＿類書籍

7.您對本社叢書 □經常買 □初次買 □偶而買

幅畫般。此外，當然也可以把書平著放，
平放的好處是可做為一個底座，在上面擺
個小盤子或綠色植栽，或者是做為「書
擋」，讓旁邊的書不會倒下來。對於太高
的書，平放在書架上也是一個解決的好辦
法。有一些能襯托生活風格的書，不妨也
把它帶離書架，擱在房間的其他地方，例
如茶几上或凳子上，都是一種裝飾。

書架不僅可以放書，糖果罐及小型植栽穿插在書籍之間，似乎更靈活漂亮，還可阻擋書籍滑倒，一舉兩得。

1-3.書架不一定放書，當成置物櫃也別
有風情。

延伸與訣竅

架上書本的顏色，也可視
為與家中其他擺設搭配的
元素之一。如果顏色相當
豐富，所配合的東西顏色
就要質樸、素淨，而且為
自然的材質。

Chapter 3

裝置的巧思/
鮮花與場景的對應

買了一盆含苞待放的鬱金香花，花苞一夜之間鼓脹起來，當我傍晚回家，打開了燈，突地眼睛一亮，如此嬌豔多姿、變化多端的一盆鬱金香就舞動在眼前，原本單素顏色的客廳也隨之光燦了起來，原來一朵花的「生命顏色」能如此奪目？由於它的綻放，使得客廳的氣氛如此不同。

怒放的花朵給居家帶來豐沛的活力

在家裡面插一瓶花是眾所周知、最簡單的裝飾方式之一。但是櫃子上的空間如果很窄，的確會限制了所能擺放的物件，以及擺放的方式。例如放一個大花瓶會顯得太沉重又不安全，那麼就該換個輕一點、細緻一點的瓶子。房間的顏色若是很樸素，則可以試著在櫃子上同時擺幾個不同高度的細長型玻璃瓶，瓶裡倒一點水、各插上一、二支小花（即多瓶插單花），就可為房間增添活力，又不會太張揚。

如果採取多瓶插單花的形式，那麼，花瓶的形狀可用同一種式樣的多瓶組合，或者不同式樣的多瓶組合，這時選取的花材就最好一致，不宜花類繁複，否則會眼

鬱金香已經凋謝了，花瓣落了一桌，收攏起來放在潔白的瓷碗裡，另有一種花落殘紅的美，像是對生命最後的致敬！

```
  2
1   5
  3
  4
```

花撩亂、美感錯亂。還有一點很重
要，就是鮮花是有生命的東西，它每天
都會變化，即使凋萎了，它的感覺與塑膠
花或假花也絕對不同，千萬不要為了省事
省錢，而以為假花可以取代真花的動人。

　　另外，小瓶子插一朵花，無論是放在
電腦旁、盥洗室檯子上或是狹小單調的小
空間裡，這種色彩的小小變化與生命力會
帶給你不同的心情吆！

1. 綠色玻璃的小矮瓶中插入一朵比瓶子
   還大的山茶花，這是小配大、紅配綠
   的表現，也很有趣味。

2. 在一個大型的玻璃杯或空玻璃罐子
   裡，將一兩朵小花配上小石頭等物
   件，也可以造出很俏皮的景，是具體
   而微的另類表現。用貝殼擋住花梗的
   底部，讓視覺更清爽。

3. 白色陶杯中的一朵紅茶花，在素淨的
   環境裡，讓人兩眼一亮。

4. 高腳酒杯與花的斜插方式，加上橘色
   花朵與綠杯呼應，高雅而生動。

5. 盛開的百合插在老甕中，配合中式家
   具木椅，頓時有了時光渺遠的古意，
   在燥熱的夏季中也有了涼意。

1	2	
3		4

1-2. 藍瓶、紅果、白牆三種顏色的搭配，物件雖小但卻亮眼。2圖為局部。

3. 白薔薇與古老箱子的對話，流露出典雅的氣息。

4. 矮几上的鬱金香，線條優美、充滿流動性，放在矮的櫃台上最能一覽全局。

延伸與訣竅

　　若要讓含苞的花快一點兒開放，可每天剪一點花莖的底部，或在天冷時倒一點溫水在花瓶中。

3

裝置的巧思/
活生生的花草世界

愛花愛草的人很多，可是大多數人苦於生活在都市叢林裡，往往缺少一分蒔花種草的環境，通常愛園藝的屋主，能夠施展利用的地方，大概不外乎是陽台、樓頂、樓梯間等區域了。

囿於施展的空間有限，但是只要光線夠、不疏於澆水施肥，選擇一些容易照

盛開的紫色花朵與金屬質感的容器搭配，富於奔放又收斂的貴氣，以吊掛的方式置於窗邊，看了心情分外愉快。

顧、生命力強的植物，仍然可以創造出室內悅目又生氣盎然的花草世界。

　　想要有燦爛的花朵、生氣勃發的綠色植物可以觀賞，平時就得將植栽置於光線、陽光充足的陽台，只需在開花期將它們移到室內觀賞。另外，搬進室內要觀賞的植栽，絕對要替它選一個相配的器皿來盛裝，植物與器皿的結合，正是影響視覺觀感重要的因素。試想，一盆盛開的花裝在一個塑膠盆內，怎麼會賞心悅目呢？所謂人要衣裝，植物也是。如果能夠配合植物的屬性，讓容器的調性再講究一點就更理想了；像是野性的植物搭配原木的盆，就比搭配華麗的瓷盆要來得自然。

小花開滿一木盆，紛亂中充滿生機，掛在入門的牆上，每一次與它相望，也會產生鬥志吧！

1		3
2		4	5

1. 優雅的水生小盆栽，用一個編織的籃子當底座來墊高角度，自然風味就出來了！

2. 整段的中空枯樹幹拿來當盆栽的容器，富於自然氣息。

3. 三盆一式的壁掛盆栽，花材採用多重組合，熱鬧而帶有熱帶情調。

4. 將多肉植物種在有凹槽的盤子裡，覆蓋白色小石頭，很乾淨也容易照顧。

5. 陽台上種竹子，呈現中國文人式的優雅，拉上陽台的玻璃門窗，透光搖曳的竹影平添一股詩意。

　　盛花容器的口沿，以花葉自然遮蓋最好，免得露出泥土就不好看了。遮擋泥土外露，也可以採用河岸或海灘撿來的漂亮小石子鋪蓋，或是將餐後留下來的漂亮牡蠣外殼洗乾淨備用，這些都是取用自然資源的好方法。

裝置的巧思／
水果也能變飾品

台灣是水果王國，水果的種類又是五花八門，顏色美麗，現在大多數國人已經養成每天吃水果的好習慣。你有沒有想過善用新鮮水果的形與色，來點綴居家環境、以及增添居家的情趣呢？

因為並不是每個人都有空閒、財力去翻修裝潢自己的居家，如能採用生活中本

白器皿中放置紫色意味的水果，與桌布的色調搭配，好吃又好看。

來就要採買的物件，兼具達到裝飾美感的效果，不是一舉兩得嗎？

十七、十八世紀時期的西洋名畫中，常見靜物畫家很愛表現水果盤內豐盛的葡萄、逼真的瓜果等等，鮮豔欲滴，留給我們深刻的印象。除了花卉，瓜果也是裝飾效果很好的材料，只是我們較少將念頭動在水果上面，其實在引動味覺品嚐水果之前，先以視覺盡情欣賞它（秀色可餐），就像喝咖啡、品紅酒之前，先用鼻子聞香的道理一樣，充分發揮人類五感（視覺、聽覺、嗅覺、觸覺、味覺）的功效，更能體現幸福甜蜜的感覺。

水果有保鮮期，新鮮的水果都很美，

紅果子散在大小白瓷盤內，配上典雅的桌布，互為呼應，呈現出很理想的配色效果。

	2	
1	3	5
	4	

1. 小番茄與玻璃酒杯在光影下也很融洽

2. 青花碗或黑釉碗裡裝綠色番石榴、楊桃、蘋果和橘子，有種樸素的美感。

3-4. 小金橘無論與觀賞南瓜或是陶器罐子放置一起，都很好看！

5. 亨利‧范談‧拉突爾1866年的畫作「春花與蘋果、梨子」

我們可以使用粗獷的小陶碗或是優質的玻璃器皿來盛裝自己愛吃的水果，隨意放在餐桌上或是客廳的窗台邊，配上一塊底布就更好看了，彷彿家中平添了一幅活生生的靜物畫。

延伸與訣竅

要注意瓜果的新鮮度，選擇皮相美、常溫下不易皮皺、腐壞的瓜果，可以多欣賞幾天。

Chapter 3

裝置的巧思╱
高掛顯風情

客廳的佈置，只能在地面上動腦筋嗎？那可不一定，何妨從屋內上方的天花板開始做考量？除了裝吊燈、掛風鈴之外，還有許多做法都可以使整個房間的上半段成為視覺焦點，這是一種擴大視角範圍的做法，輕鬆就能照顧到房間內部空間的全局了。

掛幾個式樣不同但主題相同的吊燈，充滿異國情趣。

　　假設客廳裡的家具都是大大的、顏色很樸素、窗簾布也很單純，這種環境是最適合在天花板上玩創意的了。不過，在頭頂高處掛東西必須首重牢靠，避免日久鬆動或地震時吊下來砸到人，安全的做法還是以避開經常走過的動線為佳。

樓中樓的設計，上下兩層銜接的樑壁上，以飾品點綴，可讓視線更連貫。（上）
商業大樓內從天花板垂下的吊燈，這種如雕塑式的意象也可使用在家裡。（下）

| 1 | 2 | |
| | 3 | 4 |

1. 以陶瓶倒置加上流蘇般的玻璃垂飾，作為大型天頂的裝飾物，這種假平凡物件改裝的創意，也很適合縮小比例運用在一般住家裝飾上。

2. 天花板上捲草紋飾的燈座富於創意。

3. 門廳旁邊壁上凸出的台座，一上一下可以置物，簡潔也富於變化。

4. 以小魚吊飾當前景，將空間層次感拉出來。風吹過時魚兒晃動如在水中游，相當有趣。

Chapter 3

裝置的巧思／
鏡子的妙用

			4
1	2	3	5

1. 鏡框舊了，利用花布料加以包裹來變裝，
   使它成為充滿古早又現代味道的新款式。
   （馬坤眉設計）
2. 從鏡子中照見對面桌上擺放的瓶花，似乎
   使房間內多了一幅畫。

在牆面上貼鏡片，靠它的反射效果來增大屋內的空間感，這已是眾所周知的方法。不過，鏡面懸掛的位置是否合宜，在中國風水學上的思考卻是很有些講究的。例如，家中的鏡子不宜掛在一進大門正對面牆壁的正前方（側面無妨）；鏡子也不宜掛在臥房正對床鋪的正前方……。姑且先不論你相不相信風水；在心裡感受上，如果在昏暗的光線下走進大門，一抬頭見

到對面鏡子裡反射出的人影，或者半夢半醒時起床去洗手間，面對鏡子反光中自己的身影，恍神時是會受到驚嚇的，這種感覺的確不好。

　　家裡的鏡子要掛在哪裡才好呢？大鏡子掛在門廳玄關、餐桌旁牆壁上的機率都不小，浴室間或穿衣櫥櫃內的門上也是常見的地方。在鏡子前擺上一瓶花的效果不錯，因為透過鏡子的反射，會讓人有花束豐盛的感覺。

3-4. 鏡前擺上一瓶花的效果特別好
5. 穿衣鏡改用拉門的方式藏在衣櫃後方，
　　要用時才拉出來，不用時推回去，十分
　　方便。

Chapter 3
裝置的巧思／
寵物來當家

現在很多人的內心似乎更加孤單，無論你是獨自唸書在外租屋，或是窩在單身上班族的小窩裡，總希望忙碌一天後回到家裡，也有個溫暖的身影來迎接自己，所以養寵物的人口日漸增多，但是養寵物需要費心照料牠，不是每個人都能如願做到，如果想養寵物又力有未逮時該怎麼

有著兩隻長耳朵的玩偶「麗莎」，像一位好朋友般出現在餐桌旁、床頭、窗邊，帶來屋主人心靈上的溫暖。

辦？那麼，先找一個可愛模樣的玩偶當寵物也不錯！

　　玩偶雖然不會主動與主人互動，可是你可以替它取名字、和它說話、當你不在家時也可請它替你看家，這雖是一種單向的付出，倒像是回到童年時光，雖然有人會覺得很幼稚，但對獨居者心緒的抒發還是有點益處的。其實，也不要將這個玩偶放在固定的位置，而是對待它就像對待家人一樣，將它放在家中的沙發上、床上、飯桌旁……，各個不同的角落，你就會覺得這個無聲的朋友無處不在，時時刻刻在陪伴著你。

1. 玩偶「麗莎」

2-3. 貓是人們最愛飼養的寵物之一，牠在家中不定點的出現，像一個活動的雕塑品。

1-5. 造型超可愛的食蟻獸在家中
各處現身，時時刻刻陪伴著
屋主，是一個忠實的布偶。

Chapter **4** 細物的加持
Details

當我們營造自己的窩居時，
要如何從自然界中挖掘、學習大自然的天然美呢？
這需要一定觀察的過程，以及自身靈感的發揮，
那麼，從大處著想，從細部留意，正是不可少的一種思惟方式。
有時別人砸下重金買裝潢，
我們卻不妨試著四兩撥千斤，
以單品巧思來換取另一種幸福的生活趣味。

細物的加持／
掛鉤當主角

1	2	3
		4
		5

1-2. 鋸子、鑰匙、小扒子，把這三樣東西用心型的掛鉤掛在牆上，也成為一種特殊的裝飾了。

3-5. 微笑的魚、回頭傻笑的青蛙、兔子與讓人忍不住發笑的情色蛙，都是市面上買來的掛鉤，不掛東西時隨手吸黏在廚具台旁或洗手台前，相視一笑會帶給你生活中不少幽默。

有時候，光考慮掛什麼不代表就夠了，用什麼東西來掛它也是相當重要的，這有可能讓被掛的物品加分，也可能讓它減分。以掛畫框來說，我們不見得要用專門掛畫的掛鉤，有些具裝飾性的掛鉤或釘子都很值得運用。例如窗簾綁帶的掛鉤，就有很多種極具裝飾性的設計，從典雅的

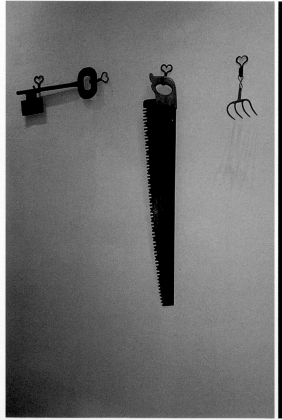

風格到時尚感的造型都有。不過，選擇掛
鉤的重點是一定要讓你掛起來的物件更顯
出色。

　　圖中的這些掛鉤會讓人覺得很搶眼，
重點就在於用了一點點的巧思，只需將粗
鐵絲用老虎鉗彎成心型。雖不難，但大小
要合適，而且一個還不足以引人注意，連

續排列幾個，再留出適當空間，就算所掛
的東西稀鬆平常，也能顯出酷酷的美。

延伸與訣竅

　　釘頭加大也是吸引注意的好方法，可在普
通的釘頭上，貼大型鈕扣或珠子等……

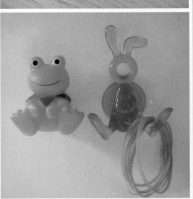

Chapter 4

細物的加持／
扇子的情調

	2
1	3	4

扇子，無論在東方或西方，自古以來一直都被視為是風雅的生活用品，中外歷史上的文人和仕女，在社交場合中手持一把扇子，給人的觀感都會表現出一種很美的畫面。

縱然現在已經是冷氣當道，搖扇子的人大為減少，然而扇子的藝術價值絲毫不受影響，在拍賣市場，名家題字或作畫的扇子可是值錢的呢！

扇子大約分為摺扇或平扇，質地有紙做的、布質的、絲緞的、加蕾絲花邊的，也有素面或畫上畫、題上詩，以及染繪成濃郁色彩的風俗扇。一把普通質地的摺扇價格不貴，如果家裡的家具或陳設本來就具有中國風味，就很適合用扇子來當裝飾物件。

要把摺扇掛起來，可先在中間的扇骨背面打一個小洞，用一條棉繩穿過去，做成一個環結，然後把它套在牆上的掛鉤或釘子上。摺扇的凹摺處較容易積灰塵，髒的時候可以用乾淨的舊牙刷輕輕刷掉灰塵，或是用小型吸塵器的小刷子來清潔。

1. 受東方影響，將扇子當作舞蹈和裝飾牆面具情調飾物。圖為西方印象主義繪畫大師莫內於1876年的畫作。
2. 將兩把扇子當花一般插在陶瓶裡，很有裝飾效果。
3. 一種物件的使用端看主人如何操作，圖中的摺扇打開平躺在一個椅墊上，椅墊再安置在客廳的地毯上，凸顯出女主人的靈巧與慧心。（徐秀美場景設計）
4. 將扇子插在籃子裡，因為二者顏色統一協調，所以看起來像是一件物體，也因為立起的扇面將視線的高度拉高了，也就更醒目了。

細物的加持／
「豆子」遊戲

1	2	3
		4

1. 透明罐中的各色豆類，顆粒光滑可愛，放在餐廳也是很優的裝飾品。
2. 玻璃瓶中用不同顏色的豆粒排列出山水般的景致，是很具巧思的家中裝飾物。
3. 玻璃瓶中裝上大大小小從珠串拆下來的珠子，因於各色質地的光澤反射，放在書桌上或床頭櫃上，也變為漂亮的瓶中風景。

「戲法人人會變，巧妙各有不同。」有沒有想過，即便廚房裡現成的食材（例如紅豆、綠豆、黑豆、黃豆、義大利通心粉、糖果等）裝在透明的玻璃罐中，陳列起來也很漂亮。所以把這些可兼具美觀特質的食品或調味料從廚櫃裡請出來，擺在透明或開放式的架子上吧，再把那些不好看的瓶罐雜物收進櫃子裡。真空密封罐不

但可將食物保鮮,而且便宜、好清洗,又能為廚房帶來一股鄉村自然風。不妨針對需要,買不同大小的玻璃密封罐,然後把物件倒進去陳列。

若想再添加鄉村風格的元素,可再準備木湯匙來舀罐子的東西,更相得益彰。不常用的調味料或食品要倒入罐子之前,可將包裝上的使用指示剪下來,貼在罐蓋的內面,要用時就可參考了。

4. 百貨公司的生鮮超市以大玻璃瓶裝水果模型當成裝飾,這手法同樣可應用在我們日常生活中。

Chapter 4

細物的加持／
抓住青春的尾巴

瓶中鮮花在盛開幾天後就會陸續凋謝了，但總還是會剩下幾朵晚開的花仍在盛放，通常我們不會等到一束花朵全數開完了才丟棄。

對於這些稍晚綻放的花朵或果子，我們也可以善加利用，重新做為室內新的擺飾。首先是把花莖剪短（比較容易吸到

水），將花分別插在杯狀的容器或平擺在淺碟內，通常還可維持幾天美麗的光景。

　　即使只剩有兩朵花，或是從陽台花盆中摘下一朵花，都可以插出很有格調的風味來。

1. 將一朵花插在海邊撿到的漂流木上（木頭上正好有一個小洞可盛水），配上白色平板器皿，以及兩粒紅色乾果，就可提味了。

2. 即便只有一朵蘭花，用白色的小碟子盛裝，運用前述「如何襯托才會讓眼睛一亮」的方法，也能吸引目光。

3. 將枯萎花材的支幹丟棄，留下美麗的小果實，整齊排列在盤子內，還可觀賞一個月呢！

4. 一盤短梗玫瑰放在床頭櫃上，是別具心意的裝飾，傳說在床頭附近放花會帶來異性緣！

Chapter 4

細物的加持／
蒜頭、辣椒一樣美

	2
1	3

1. 墨西哥人將紅辣椒串成飾品，賣價不便宜。
2. 紅色玉米配上松果、辣椒的吊飾，也很討喜。
3. 各式各樣的蒜頭花環及花串，創意十足。

以一串串黃澄澄的玉米掛在房簷下晾乾，這種漂亮的農家豐收景象，即使你只見過照片沒見到過實景，大概也都會留下深刻的印象吧？其實延續「黃澄澄玉米」這種印象，運用到其他食材上一樣管用，也會製造出令人驚喜的裝飾趣味。

蒜頭和辣椒都是做菜少不掉的調味物

品，有沒有想到利用這兩種常見食材，就可以完成串串新穎且防蟲的吊飾？蒜頭白、辣椒紅，紅白兩種色彩的搭配不但顯眼，而且熱鬧，如果再配上一些乾果與絲帶，以及乾燥花，色澤就更豐富多變了。

運用自己的巧思，任意玩些花樣，無論編成環形或直條形，不都是很美嗎！

1	3
2	4

1. 各式各樣的蒜頭花環及花串，創意十足。
2. 用繩子穿過麥穗，罩在鐵絲圓圈的外圍，就是一件自然風格的燈罩了。

圖中各式組合僅供參考，當多種食材繁雜組合時，宜單獨懸掛，才不會相互干擾；反之，單一食材可做多層次的懸掛，才比較熱鬧。

Chapter **4**

細物的加持／
貼紙添趣味

3. 浴室牆壁上有了青蛙
   貼紙，家裡的小朋友
   就更愛洗澡了。
4. 中國人在屋簷下貼上
   福祿壽人物的紅籤，
   來象徵祈求好運的民
   俗。

　　貼紙一向是很受大小朋友歡迎的東西，大一點的文具店幾乎都闢有專區陳列，在日本更有專賣貼紙的店，生意還不錯。

　　不要小看了貼紙的功能，它雖是小物件，但靈活用在家裡的佈置上，運用得當是可能發揮出相當力量的。比如在浴缸牆壁上貼上小動物的圖案，家裡的小朋友就變得比較愛洗澡；在大片光潔的玻璃上貼上漂亮的貼紙，可提醒眼睛不好的人走路小心，不要一頭撞上玻璃等等。如果碰到一式一樣的整排壁櫃，在其中一扇櫃面上用貼紙做一個記號，不但方便家人知道這扇櫃子裡裝著哪種最常用的物品，免得時常開錯櫃子，同時也有裝飾的變化，是很實用的小祕方。

　　貼紙雖然是現代的產物，其實它的觀念，從我們老祖先的習俗中就有異曲同工的做法，像是春聯、對聯或門楣上的裝飾物等都是。

Chapter 4
細物的加持／
講究的二度構圖

或許手邊有些照片或雜誌中美美的圖片，全幅不盡理想，但切割出當中的局部，主題立即凸顯，這類圖片根本不需要花錢買相框來裝裱，但隨便張貼也不好看，那麼有什麼方式可以讓你快快地掛在牆上，好好欣賞一番呢？這裡有一個妙招，只要準備一些長尾夾及附吸盤的掛鉤就可以了。

用同色調以花為題的畫片，將主題外圍多餘的背景裁掉，運用二度構圖的方式來凸顯主題畫面。

延伸與訣竅

切割過的圖片，更能顯示巧思，創造個人風格。

把附吸盤的掛鉤貼在大片的玻璃或光滑不易滑落的牆壁上，也可貼在冰箱上。再把相片放進透明的塑膠袋，上頭用長尾夾夾住，掛在掛鉤上，就大功告成了！

Chapter 4

細物的加持／
搶眼的把手

設計很好的把手，不論是門把或是家具上的把手，都能在實用之餘也帶來愉悅的視覺感觀。例如圖中的櫥櫃就展現了極具創意的巧思，將原本平庸的廚櫃把手，以完全符合餐廳特質的刀叉、湯匙造型來裝置。這些刀叉形狀的湯匙，是日常生活所見最平凡的餐具，不過一安在櫥櫃上，卻彷彿是設計家的手法了呢，而且富有趣味性。

安裝刀叉造型把手的櫥櫃，完全符合餐廳特質。

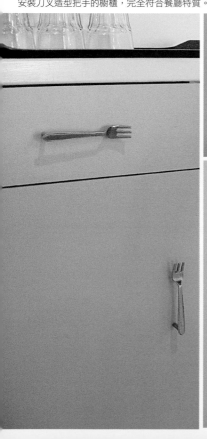

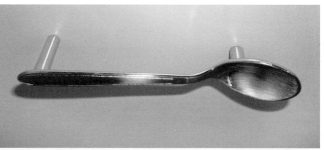

（曉芳提供）

5 氣氛的營造

Household Atmosphere

尋找共同處，挖掘不同處，創造自己的居住哲學。

創意過日子，每段時間試著變化家裡的設計氣氛，

生活就會趣味而豐美。

Chapter
5
氣氛的營造／
喜慶插花裝置

玫瑰與燭影呼應，氣氛更濃烈了！

家有喜事的日子，將屋內佈置出喜氣洋溢的感覺，最能帶動當天的氣氛，使與會者都能放鬆心情，盡情歡樂。

這天，不妨將室內的一張桌子或矮櫃的台面清出來，只需用數個造型相同的大型玻璃杯或寬口的空瓶子當作容器，插上熱情又豐盛的紅玫瑰與綠葉；重點是，記

得要將幾朵玫瑰花的花瓣摘下，撒在台面上，以延伸熱鬧的效果；晚間時，燭光點綴，或用淡粉色的氣球，氣氛就更濃烈了。因為紅花綠葉已經有足夠的喜氣，蠟燭不宜再使用紅色，選擇白色高矮不同的蠟燭是比較能彰顯氣氛的。這種佈置要注意的是，不宜將過多種雜物同時擺放。

延伸與訣竅

如想多維持幾天擺設，將花瓣換成彩色或灑金的碎紙片，效果也是一樣的。但得避免風吹時，碎紙飄散了一地。

主要用了四種元素：心型綠葉、銀色高瓶、杯裝白蠟燭、紅色玫瑰花瓣。在色彩上表現喜鬧中的優雅。

<small>Chapter</small> 5
氣氛的營造/
玻璃瓶的春天

多年前到威尼斯旅遊時，途經一家人的窗前，台面上排了一系列藍色的玻璃瓶，高低有致，迎著水色波光，絕美而動人，留下的印象至今難忘。

我們生活中也常會留下使用過的飲料玻璃空瓶、酒瓶或果醬罐等等，當中有些瓶罐的造型十分可愛，一時捨不得丟掉，

顏色可以催動食慾，餐點前面，用盛滿鮮豔顏色液體的玻璃罐子來裝置，甚妙。

但如果不能加以適當的運用，留著又佔地方。這時腦際忽然閃過威尼斯的一幕，於是將玻璃瓶上的紙標籤先除盡，再將瓶內裝入五分之四份量的水，用水彩顏料（或其他色劑）將水染出顏色，再將這排裝著五顏六色的玻璃水瓶放在窗邊上，透著光，呈現出高高低低的層次，還頂好看

的。

　　唯家中如有幼童就得注意，不能放在幼童伸手可以取到的地方，避免誤飲。

玻璃瓶中的白開水，因為加了一點裝飾水果與檸檬味道，好看之外，就成為簡易的健康飲料啦！

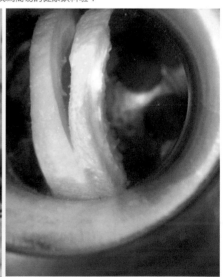

延伸與訣竅

夏天喝完飲料的大型玻璃瓶，如果造型漂亮、瓶口大，何妨留用為裝冷開水的容器。於瓶中丟一兩片檸檬、幾粒紅艷艷的小番茄，冰在冰箱，比什麼人工飲料都來得健康消暑。

^{Chapter} 5

氣氛的營造／
蠟燭點亮的浪漫

　　雖然家居的風格是非常個人化的，一切的目的都是為了要滿足主人的喜好，不過有些基本的做法倒是不需輕言放棄，例如浪漫的燭光。當你想短暫的放鬆一下心情或聽音樂時，不妨把燈關了或調暗，再讓這些閃亮的燭光來轉換空間的氣氛，創造神奇的效果。

　　買一些如瓶蓋般的矮型蠟燭，這些價

格都不貴，不像奢侈品會影響到你生活的
預算，但是它呈現的氣氛卻是奢侈浪漫
的。把這些平庸的小蠟燭改造成讓人驚豔
的華麗形象。拿一個較大的托盤或者一個
陶瓷的盤子，鋪上兩、三公分的細緻白沙
或小石子，再將一組蠟燭放在白沙上。把
蠟燭點亮了，放在餐桌上或是客廳的地板
上，瞧！才花五分鐘就變得如此美麗！

延伸與訣竅

當蠟燭點亮後，會滿燙的，鋪了沙子或小
石子可以防止高溫傳到盤子上而燙手。

點亮蠟燭是營造氣氛最簡易的方式之一。
美國新墨西哥州相傳有個習俗，在聖誕節前後，當時住
家附近的野地上還沒有路燈裝置，所以晚間在路兩旁用
厚牛皮紙袋裝半袋沙子（沙子重，防止被風吹走），
中間插蠟燭，排成兩行，方便家人回家。試想，在寒冷
的風中，遠遠見到兩排搖曳的燭光，溫暖自會打心中升
起。（左下圖）

Chapter **5**
氣氛的營造／
水果PARTY受歡迎

現在家中開PARTY，已不需要用過多的大魚大肉來招待朋友，因為在這個年代，肥胖早已成為全民公敵。

在家裡擺設一個水果攤，秀色可餐，一定會帶給大家無限的驚喜。台灣本來就是水果王國，四季出產的水果，樣樣好吃又好看。近年來，進口的水果也越來越多

將買來的新鮮水果洗淨後放在搭配的容器裡，秀色可餐。

了，像是奇異果、櫻桃、榴槤、蟠桃等，都各自擁有愛好者，所以招待客人時可以多選擇一些水果的種類。

家中PARTY使用的水果攤必須豐盛，才能表現出主人的誠意。同時，陳列方式也須有所講求，水果可用一個大竹籃子來盛裝，或直接用一個大紙盒從對角線的方向切開充當容器，盒外用軟質單色色紙包裹，紙盒內四周再墊以綠色葉片，遮去紙盒外露的部位。水果攤旁邊再點幾杯蠟燭，就更有氣氛了。

延伸與訣竅

水果疊著放，要注意色澤深淺有致，而且須將容易受傷的水果放在最上層。

開派對時，將各色新鮮水果擺放起來，沒有賞味之前就已經挑逗起來賓的味蕾了。

Chapter 5
氣氛的營造╱
美麗桌布增添光彩

　　小時候每年過年時，母親總會替餐桌換一塊新桌布，表示新意。長大以後，自己也常替家中每張桌子換桌布，變換家裡的顏色與氣氛。因為桌布、窗簾、床單，常佔有一個家裡視線所及的較大片面積，每每稍加變換就感覺不同了。即便桌子舊了，只要用布蓋起來，一樣美觀。

利用大花圍巾充當桌布，花色與鐵線蕨相映成趣。

以前曾經流行過用一大塊圍巾把老舊的沙發整個遮住，不過這種做法已經過時了。現在較新潮的做法，是把一大塊圍巾摺得整整齊齊的，像一面旗子般蓋住座位、椅背並垂到後面，或整齊的蓋住扶手處。這種方式可以很確切的遮住髒污處，但也能讓沙發呈現它原本的模樣。另外再放幾個質料和圖案略微不同的靠墊，就可讓客廳流露新潮的創意。如果有安哥拉毛的長毛圍巾，冬天也可鋪在沙發上，觸摸起來的感覺會格外舒服。

（左）紅配綠是熱鬧的起點。 （右）五彩拼布上擺置的茶席，是三五好友相聚時美麗的焦點。

Chapter 5

氣氛的營造／
怎樣營造氣氛

「氣氛」與「氣質」有些像，是只可以意會卻不能言傳的形容詞。

生活上最理想的一種裝飾手法，是所費不多或者根本不必花錢，卻能創造出豐富又強烈的印象。例如有些石頭或漂流木在飽經大自然侵蝕和風化下，形成了凹陷的小洞，就很適合拿來作為蠟燭的燭台。當然，若只擺一個會顯得很孤單，但把幾

個石頭燭台同時擺在桌台上，卻會帶來一股迷人的氣息。

或是將家中的一個角落佈置成溫馨的獨立區，可以在此進餐或看書。進入這個角落，心情就如同進入另一個空間，這裡的情趣可與家中其他區塊是不一樣的，這種做法有點像是包廂。這種觀察也是在一個朋友家中見到的，之前朋友旅居阿拉伯多年，回國後為了紀念曾在異國的那段歲月，他將家中客廳的一角以阿拉伯風味來設計，掛上布幔，榻上有金碧輝煌的刺繡與抱枕，情調殊異！

| 1 | | 4 |
| 2 | 3 | |

1. 將家中的一個角落佈置成溫馨的獨立區，可以在此進餐或看書。
2-3. 噴白色的樹枝上懸掛幾個小吊飾，插在大瓶子中，很可以撐場面。
4. 朋友來家歡聚時喝點葡萄酒，燭影搖紅，氣氛很high。

Chapter 5

氣氛的營造／
靠墊不可或缺

如果家具算是硬體，靠墊則像是軟體，而且它是一種頂重要的軟體。有了靠墊，身體就可以懶散下來，依著它、抱著它、貼著它，就有了「依靠」。

一個靠墊的「墊心」像是軀體，我們替它穿各種款式的衣服，隨著季節而改變，春天穿小碎花，夏天穿大格子，秋天穿迷彩，冬天穿溫暖的酒紅色；視覺上也

會隨之產生清爽與厚重不同的感受。

　　家裡一些大型家具買來了以後，要變化是較麻煩的，生活中如要隨時製造一些新鮮感時，替靠墊換換衣服不失為一種簡單的方法。

1. 靠墊的顏色變化讓室內色感更豐富。
2. 充滿童趣的青蛙造型靠墊
3. 毛皮配靠墊帶有奢華感。
4. 紫色沙發搭配墨綠色靠墊十分時尚

1	2	4
	3	

延伸與訣竅

　　靠墊「心」之厚薄、軟硬、材質，關係著身體依靠時的舒適感，選購時不必貪一時的便宜，一個好的「心」可以長久使用，還是合算的。

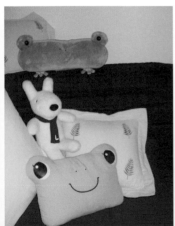

1		5
2		
3	4	

1. 有著L形長沙發的餐室，最適合用椅墊來營造出溫馨的情調。

2-3. 可愛靠墊的正反兩面

4. 銀白緞質的靠墊帶有高雅卻低調的奢華感。

5. 靠墊與枕頭可以在床上混搭使用。

6 創意的手工遊戲
Work of Imagination

不做懶惰的人，隨時觀察、隨時動腦子、每個月動手做一次手工，
當它是一種遊戲，會讓自己的生活更有創意，也會對自己更加滿意！

Chapter 6

創意的手工遊戲／
巧用零頭布

有時候布店會以非常低的價格販售零頭布，台北市永吉路的布料批發商樓層內更有各式各樣的選擇，尤其很多長條形狀的零頭布料可能很漂亮、質料也好，價錢公道，讓人忍不住想買下來留著等適當的機會用。其實對於居家布置來說，趁划算時買一些好布料，需要用時就可以很方便做搭配了。

例如做成圓筒形抱枕的布套，就很簡單，只要花幾分鐘縫一道線就好了。右頁圖中連續幾個抱枕如香腸般的排列，清爽而舒適。如果你的布料是絲綢或緞面，看起來更是高貴。

延伸與訣竅

布套兩端長度若不夠，打不成結時，可以拿一條適當的緞帶或繩子將它綁起來。白麻布做的抱枕非常高雅。

| 1 | | 4 | 5 |
| 2 | 3 | | |

1-3. 用台灣古早味道的印花布來做手提袋、衣服、椅墊套等，是近年另一股流行，圖為三峽一家店門口販賣的零頭布，以及成品。
4-5. 抱枕連著放，像一條香腸。（全景與局部）

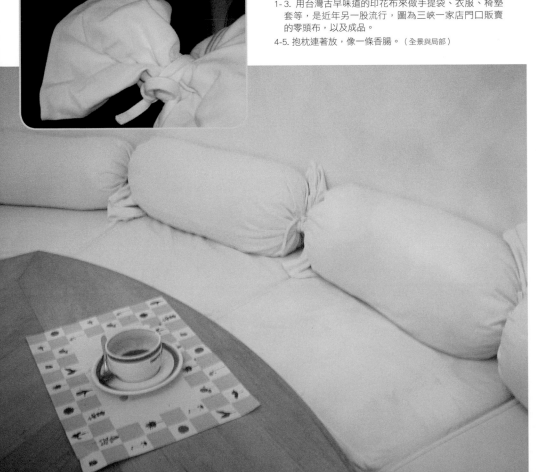

創意的手工遊戲／
繪畫椅子

荷蘭大畫家梵谷，他曾經畫過一張赫
赫有名的「椅子」，與其他的名畫一樣，
都是藝術界的瑰寶。

如果你家中正好有舊了、破了的木頭
椅子，可不要急著把它給丟掉，何不廢物
利用一下，試著玩玩它，把它當時繪畫的
畫布，發揮自己獨特的藝術天分，在椅子
上彩繪一番，包準這是全世界唯一的獨創

品。或是還有其他新鮮點子，也可好好發揮一下。做法是先將木椅子清洗乾淨、晾乾，想一想每個可上彩的部位要畫些什麼？也就是先有一個構圖上的規劃，接著放膽用噴漆、油漆、厚顏料等當媒介，直接畫上去。畫面可寫實、也可抽象，待乾了再上一層保護漆。換成塑膠盆、舊鞋子等，同樣可操作。

1. 世界上最貴的一張椅子大概就是荷蘭大畫家梵谷1888年底所畫的這張〈黃椅子〉了吧？

2. 色彩斑斕的重繪木椅，把手上的色彩還不同呢！

3. 漂流木與木板造的椅子，其自然美感使生活中充滿野趣與浪漫。

4. 一張陳舊的木椅，藍色依然突出顯眼。

5. 椅面破了一個洞，不要急著丟掉，將它用麻繩繞過裸露的部分，中間種上花草，是多麼地有創意啊！

1	2	3
		4
		5

創意的手工遊戲／
身邊取材的桌墊

　　或許你會覺得市面賣的餐墊太貴、設計太雕琢了，那麼有什麼方法可以取代呢？其實白己製作就可以了，例如挑選一張使用過的大型包裝紙，把它裁成可擺放碗筷的適當大小，背面用熨斗熨平。若想加點裝飾，就用剪刀在外圍剪成波浪狀，或者直接用鋸齒狀的剪刀剪出花邊。這種做法最大的好處就是用完後不必洗、不必燙，髒了丟掉就好了，如果沒弄髒還可留待下次使用。

　　如果你已經買了很漂亮的餐墊紙，又實在捨不得用一兩次就丟掉，那麼只要先拿去護貝，每次用過後用布擦一擦就可再度使用了。大部分的照相館都有提供護貝的服務，而且護貝的價錢會比買現成的餐墊要划算。

延伸與訣竅

如果餐墊想重複使用，
記得收納時要平擺著，
不要將它捲起來。

Chapter 6

創意的手工遊戲／
花器上的巧思

1	2
3	4

1. 用餐時養成使用餐墊的習慣，可免去擦桌子的麻煩。
2-4. 用樹葉包裹花瓶或花盆的手工過程

在花市很容易買到許多便宜的小型植物盆栽，很適合作為室內擺設。這些盆栽價位比鮮花還便宜，欣賞時間也比鮮花長久，不過，它們通常都是用薄而軟的黑色的塑膠盆裝著，也許你會覺得看不順眼或與房間的布置不搭軋，這時，也不見得非要另外花錢換個新盆，不妨試試又快又簡單的改造計畫。例如找幾片長形大片的樹葉，或在花市、菜市中向攤販要幾片大葉子，撕下一細長條捆在黑塑膠花盆外圍。捆綁的方式可以隨房間的風格而變化。在鄉村氣息的房子裡，用草繩綁個隨興的結就很恰當；但對於較都會風格的環境，則可考量用皮繩帶、緞帶，上面甚至用個銀色的長尾夾夾住，更能顯現俐落。

即使找不到適合的樹葉，也可以用零頭布、包裝紙等靈活運用。

至於花呢，可以買三盆擺成一排，俗話說：「無三不成理」，三盆看起來最漂亮。

Chapter

6

創意的手工遊戲／
讓椅腳穿襪子

居家使用的餐桌椅多半是木製或藤製的，這對木質地板來說，一不小心很容易造成刮痕，尤其是椅了常會搬動，刮傷地板的情況時而可見，有什麼簡單的方法可以避免這種情形發生呢？除了一般常見的在椅腳下面貼上防滑軟墊之外（防滑軟墊容易脫落或黏住毛髮），何不試著給椅腳穿上布襪。

替椅腳穿布襪很容易，只要選擇大小適中、顏色搭配的零頭布，裁成方形或圓形（視椅腳是方形或圓形而定），在布片與椅腳之間再墊上一片薄薄的化妝棉，整齊地包住椅腳，用繩子或橡皮筋捆緊，就完成了，相當方便實用。

1	2
	3 4

1. 自製椅襪成品
2-4. 自製椅襪的三個過程圖

延伸與訣竅

布片可疊成四層同時剪裁，一張椅子的四隻腳就都有襪子穿了，務必使大小相同；如擔心布邊會走線，可將布邊的緣口輕沾融化的蠟燭油，就不會走線了。

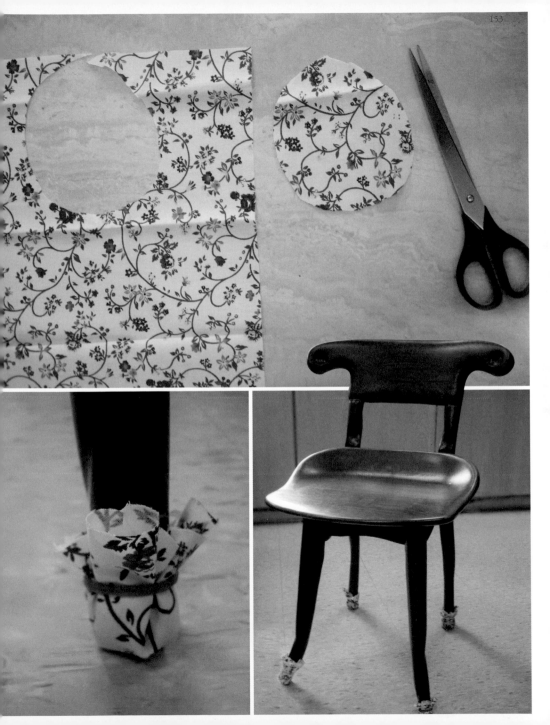

Chapter 6
創意的手工遊戲／
讓吊燈閃閃生輝

| 1 | 2 3 |
| | 4 |

1-2. 一間屋內如同時有多盞吊燈時，其裝飾方式一定要一致，不然就太複雜了，這是一家餐廳的佈置。

3. 以透光良好的布，配合家具色調來裝飾原本平凡的燈。

4. 將吊燈用乾燥後的貓柳（過年時常見的一種花）裝飾成鳥巢與桂冠的式樣。

從燈飾店買回來一座燈組，難道原來是個什麼樣子，就沒有辦法修飾它了嗎？其實，能夠自己動手修飾的話，買東西時就可力求造型單純化，色彩也以白色或單色為首要選擇，這樣自己動手改變它的空間就更大，而且通常越是簡單的物件，它的售價也比較低廉。

一個平凡的吊燈要如何美化它呢？這裡有一個簡單的做法，即：先挑選一塊透明度高的方巾（紗質的布或包裝紙都行）當作燈罩的外裙，將方巾中央剪出一個小洞，夠讓電線穿過，再綁上顏色與方巾及其他家具搭配的花束（紙質、絲質或塑膠的都無妨），這樣原本光禿禿的電線就不會那麼單調了，感覺上也溫暖許多。

同時，我們在裝置這座吊燈前，要考慮它白天不開燈與晚間開燈後的兩種效果（打開燈比一比就知道了），再確定所選的顏色對不對。另外，開燈後溫度會升高，使用不易燃的材質來包裝或施工才安全。

延伸與啟發

用來綁在吊燈電線上的裝飾物，也可換成聖誕節時常用的各色裝飾品，平時節日一過，我們就會把這些應時物品收進盒子裡，等下次再拿出來用。其實只要擅加運用，它隨時可以為屋子粧點出神奇的效果，讓屋主人一整年都擁有好心情。

Chapter **6**

創意的手工遊戲/
貼布遊戲

　　馬老師的家位於都市中的一棟大樓裡，每層兩戶，屬於雙拼對稱的式樣。大樓的每層樓梯間和住戶家門口兩側的壁面均以方塊瓷磚貼壁，整齊一致卻千篇一律。

　　因為壁面瓷磚為米白色，整面大牆顯得調性清冷，富於藝術細胞的馬老師就想

在瓷磚上面玩些花樣，來增加樓層辨識度（電梯門一開就知道沒有走錯樓層），並發揮自己的創意。

　　裝飾物取材很環保，利用厚的卡紙板為單位（可利用裝日常用品的厚紙盒來裁切），切割成比方形瓷磚稍大的方形塊面，使外型上與瓷磚達到一致性，厚紙板外頭再包上零頭花布或包裝紙，加以繃緊，有的還可以再裝飾緞帶或流蘇，拼圖式地排列構圖後，用雙面膠帶固定在牆面上。立時牆面不再單調，熱鬧繽紛起來。

| 1 | 2 |
| | 3 |

1. 拼布畫（馬坤眉設計）
2-3. 方瓷磚與方形裝飾板構成的牆面（馬坤眉設計）

延伸與訣竅

　　如一開始拼大圖沒有把握，可先在紙上以縮小比例來構圖；或直接在牆面上找出三個點，將處理好的紙板試貼在這三個點上，再從這三個點擴大發展成裝飾板，每增貼一塊就退後檢視，逐漸增加，可選擇規律式的構圖，以及散點式的構圖，但規律要避免呆板，散點要避免凌亂。

Chapter 6
創意的手工遊戲/
加個流蘇吧

我們買家具之前,通常心中早已畫下了一個理想式樣的藍圖。但是這種念頭不一定會如願以償,有時逛遍了家具店也找不到合適的樣子,有時樣子合了,價錢又太貴。這時,如能找到替代方案,或買一個簡單的家具來取代,只要肯多花一點的時間和費用,再平淡無奇的東西也有可能大翻身,變得合用。

這裡介紹一個例子,當時我們需要一張十人會議桌,但是卻在家具店裡遍尋不得。最後靈機一動,我們去運動器材店買了乒乓桌來替代會議桌(價錢比預估節省,桌面又結實),不過得選擇普通桌腳的那種(非滑輪式),不用時還可立起收存,不佔地方。

不過,這張桌子需要一張漂亮的桌布來罩住它,因為桌面太大,需動用到三塊桌布來拼

罩,我們將其中一塊桌布加上帶點浪漫意味的流蘇(也可用中國結來裝飾),便立刻為它賦予了新的生命,也成為房中漂亮的角色了。

延伸與訣竅

流蘇的做法很簡單,也可換用在許多地方,做法如圖示。如果流蘇做得太長了,可拿膠帶綁在所需的長度上,然後沿著膠帶的邊緣剪斷,就可以修剪整齊了。如在室外用餐,桌布上面擺滿菜餚,桌布如被風吹起弄髒了桌面就很掃興,這時桌布的四個角可用重物懸掛,就不怕被風吹亂了。

Chapter 6

創意的手工遊戲／
別忘了開關

當你花了很多心思在考慮整個家的裝潢或布置時，往往因為忽略了某個細部，而破壞了整體的美感。如果能秉持著對客廳顏色、沙發造型的用心，也觀照到細微處的話，整個屋子就會仿如經過專業者設計般的盡善盡美了。

例如屋子裡必定會有的開關和插座，往往我們對這種小地方不會注意，尤其是開關和插座四周淺色的牆壁，使用日久，一定會因為手的觸摸而髒掉了，反而使它們變得很突兀。最理想的方法，就是讓開關或插座的周圍不怕髒。

在百貨公司或五金行等，都可以找到很多漂亮的開關或插座蓋，找到規格符合的，只要花幾分鐘就可以換新了。如果你對處理線路沒有把握，則可用黏貼式的更方便些；即便自己做手工也行，平日購買食物一定有包裝透明塑膠盒，選取質地較厚的塑膠片，覆蓋在自家插座上量好尺寸（比實際插座四周多留寬度），裁切、留孔、黏上，即完成了。

1	2	3

1-2. 圖示流蘇以尼龍線作簡易示範，正式採用時，換成繡線、絲線或毛線等來做，感覺就更美觀了。
3. 電燈開關外的裝飾

國家圖書館出版品預行編目資料

幸福主義宅設計 Stylish Home Ideas
A米黑 / 著
初版. -- 臺北市：藝術家，2009〔民98〕
160面；14.9×19.5公分.--

ISBN　978-986-6565-42-7（平裝）

1. 家庭佈置　2. 室內設計

422.5　　　　　　　　　　98012320

幸福主義宅設計
Stylish Home Ideas
A米黑 / 著

發行人　何政廣
主　編　王庭玫
編　輯　謝汝萱、陳芳玲
美　編　曾小芬
出版者　藝術家出版社
　　　　台北市重慶南路一段147號6樓
　　　　TEL：（02）2371-9692～3
　　　　FAX：（02）2331-7096
　　　　郵政劃撥：01044798 藝術家雜誌社帳戶

總經銷　時報文化出版企業股份有限公司
　　　　台北縣中和市連城路134巷16號
　　　　TEL：（02）2306-6842
南區代理　台南市西門路一段223巷10弄26號
　　　　TEL：（06）261-7268
　　　　FAX：（06）263-7698

製版印刷　新豪華彩色製版印刷股份有限公司
初　版　2009年8月
定　價　新臺幣280元
ISBN　978-986-6565-42-7（平裝）